FORSCHUNGSBERICHTE DES LANDES NORDRHEIN-WESTFALEN

Nr. 2842/Fachgruppe Maschinenbau/Verfahrenstechnik

Herausgegeben vom Minister für Wissenschaft und Forschung

Prof. Dr. Reimar Pohlman †

Dr.-Ing. Joachim Herbertz
Gesamthochschule Duisburg Fachbereich 9
Fachgebiet Ultraschalltechnik

Untersuchungen über die Möglichkeit,
ultraschallvernebelte Kraftstoffe zum Betrieb von
Kraftfahrzeugmotoren einzusetzen

Westdeutscher Verlag 1979

CIP-Kurztitelaufnahme der Deutschen Bibliothek

Pohlman, Reimar:
Untersuchungen über die Möglichkeit, ultraschallvernebelte Kraftstoffe zum Betrieb von Kraftfahrzeugmotoren einzusetzen / Reimar Pohlman ; Joachim Herbertz. - Opladen : Westdeutscher Verlag, 1979.

(Forschungsberichte des Landes Nordrhein-Westfalen ; Nr. 2842 : Fachgruppe Maschinenbau, Verfahrenstechnik)
ISBN 3-531-02842-2

NE: Herbertz, Joachim:

© 1979 by Westdeutscher Verlag GmbH, Opladen

Gesamtherstellung: Westdeutscher Verlag

ISBN 978-3-531-02842-2   ISBN 978-3-322-88439-8 (eBook)
DOI 10.1007/978-3-322-88439-8

Inhalt

		Seite
1.	Einleitung und Problemstellung	1
2.	Die Versuchseinrichtung	3
2.1	Die Fließbank	3
2.2	Die Meßtechnik	3
3.	Vernebelungsanordnungen	6
3.1	Allgemeines	6
3.2	Die koaxiale Vernebelungsanordnung	7
3.3	Die Vernebelungsanordnung mit Nebenkammer	9
4.	Die Vernebelungsschwinger	11
4.1	Allgemeine Anforderungen	11
4.2	Kraftstoffzuführung und Vernebelungsfläche	11
4.3	Verbundschwinger	14
4.4	Schwinger mit Schraubenvorspannung	17
4.5	Die Berechnung des Resonators	19
5.	Die Generatoren	24
5.1	Allgemeine Anforderungen	24
5.2	Die Erzeugung selbsterregter Schwingungen	25
5.3	Generatorschaltungen	27
6.	Ergebnisse der Vernebelungsversuche	31
7.	Zusammenfassung	33
8.	Literatur	34
9.	Bildanhang	36

1. Einleitung und Problemstellung

Für das Abgasverhalten von Otto-Motoren spielt neben den motorabhängigen Daten und dem Zündzeitpunkt die Bildung und Verteilung des Kraftstoff-Luftgemisches eine wichtige Rolle [1].

Neben relativ aufwendigen Kraftstoff-Einspritzanlagen hat sich bis heute der Kraftstoffvergaser als Dosier- und Mischgerät technisch und vor allem preislich behaupten können. Allerdings haften auch modernen Vergaserbauformen einige Schwächen an, die Ursache für schlechte Kraftstoffnutzung und ungünstiges Emissionsverhalten bei bestimmten Betriebszuständen des Motors sein können. Als wichtigster Problembereich ist der Kaltstart bzw. der Teillastbereich zu nennen, in dem nicht nur im Hinblick auf Erfordernisse des Motors eine erhöhte Kraftstoffmenge dosiert werden muß, sondern wegen zu geringer Qualität der Gemischaufbereitung zusätzlicher Kraftstoff bemessen werden muß, der als Wandniederschlag im Saugrohr den Verbrennungsraum erreicht [2].

Wegen der Bildung von Kraftstoff-Wandniederschlag im Saugrohr ist das effektive Luft- zu Kraftstoffverhältnis im Verbrennungsraum keineswegs gleich dem vom Vergaser dosierten Luftverhältnis λ [3].

Es liegt nahe, durch zusätzliche Vernebelung von Kraftstoff den von der Luft mitgeschleppten Kraftstoffanteil zu vergrößern oder zumindest die Verdampfung von Kraftstoff zu fördern, um so bei geringerer Kraftstoffdosierung Gemische mit den erforderlichen oder sogar verbesserten Verbrennungseigenschaften zu erzielen. Die auf dieser Grundlage denkbaren Verbesserungen der Werte für Kraftstoffverbrauch bzw. Emissionsverhalten können natürlich nur erreicht werden, wenn gleichzeitig motorspezifische Änderungen des Dosierkennfeldes des Vergasers und des Zündzeitpunktes vorgenommen werden.

Zur Lösung der Aufgabenstellung, ein für den Betrieb im Saugrohr geeignetes und auch kostenmäßig vertretbares Kraftstoff-Vernebelungssystem zu entwickeln, bietet sich die Ultraschall-Vernebelung aus mehreren Gründen an:

1. Zur Ultraschallvernebelung von Flüssigkeiten werden keine zusätzlichen Gasströme benötigt, so daß das Mischungsverhältnis des vom Vergaser dosierten Kraftstoff-Luftgemisches nicht beeinflußt wird.

2. Da weder ein hoher Förderdruck noch eine feine Düse benötigt wird, können sich keine Verschmutzungsprobleme ergeben.

3. Durch geeignete Wahl der Ultraschall-Frequenz läßt sich weitgehend unabhängig von den dosierten Kraftstoffmengen ein bestimmter Tröpfchendurchmesser erzielen, so daß eine hinreichende Qualität der Vernebelung nach allen in Frage kommenden Durchflußmengen gewährleistet ist [4].

Als wichtigster Gesichtspunkt zur Beurteilung der in der vorliegenden Arbeit untersuchten Möglichkeiten, Kraftstoffe mit Hilfe von Ultraschall zu vernebeln, kommt nach den obigen Ausführungen in erster Linie die Reduzierung des Wandniederschlages im Teillastbereich in Betracht. Darüber hinaus muß eine Ultraschall-Vernebelungseinrichtung bestimmten Kompatibilitätsanforderungen genügen, z.B. darf ein Ausfall nicht zu Störungen des Motorbetriebes führen können.

Schließlich müssen die technischen Daten, insbesondere hinsichtlich Einbaumaßen und Leistungsbedarf, den Bedingungen im Kraftfahrzeug genügen.

Wie die vorliegende Arbeit im folgenden zeigt, ergab sich aus dieser Aufgabenstellung eine Fülle von Einzelproblemen, deren Lösung zu dem gewonnenen Ergebnis beitrug.

2. Die Versuchseinrichtung

2.1 Die Fließbank

Wegen der Abhängigkeit des Verbrauchs- und Emissionsverhaltens von Otto-Motoren von vielen Parametern, wie z.B. Zündzeitpunkt, Betriebstemperatur, dosiertem und effektivem Luft- zu Kraftstoff-Verhältnis, ist eine direkte Beurteilung eines Kraftstoff-Vernebelungssystems aufgrund der damit erzielten Veränderungen von Verbrauch und Abgasen nicht ohne weiteres möglich. Wie schon in der Einleitung erläutert wurde, muß zur Beurteilung in erster Linie die Reduzierung des Wandniederschlages als Indikator für die Leistung eines Vernebelungssystems herangezogen werden. Da zuverlässige Messungen von Wandniederschlagsmengen bei laufenden Motoren nicht ohne erhebliche Beeinträchtigung des Betriebes möglich sind, wurde eine Fließbank aufgebaut, in der die benötigten Meßwerte gewonnen werden konnten.

In der Fließbank wird anstelle der Saugleistung des Otto-Motors die vergleichbare, allerdings kontinuierliche Saugleistung einer leistungsfähigen Wasserringpumpe eingesetzt. Sie wurde in ihrer Auslegung ähnlich wie industrielle Fließbänke aufgebaut, mit deren Hilfe Serienvergaser auf einzuhaltende Durchflußwerte justiert werden.

Die in Abb. 1 rechts sichtbaren zwei Drosselklappen ermöglichen die Einstellung aller interessierenden Teillast-Betriebszustände für die untersuchten Vergaser unter gleichzeitiger Einhaltung des für den einwandfreien Betrieb der Wasserringpumpe erforderlichen Luftdurchsatzes.

2.2 Die Meßtechnik

Während der Fließversuche wurden die Unterdrucke im Saugrohr an verschiedenen Stellen mit Zeiger- bzw. Quecksilbermanometer angezeigt. Die Messung des Kraftstoffdurchflusses erfolgte durch ein Schwebekörper-Meßrohr bzw. durch Erfassung der Füllstandsänderungen des Kraftstoffvorratbehälters. Die Anzeigen dieser Meßgrößen sind in Abb. 1 links sichtbar. Als Kernstück der Meßeinrichtungen wurde ein Wandniederschlagsmeßgerät entwickelt, das im kontinuierlichen Saugbetrieb die Messung der Niederschlagsrate und ihrer Ortsabhängigkeit im Saugrohr ermöglicht.

Wie Abb. 2 in einem Schnittbild zeigt, ist das als Saugrohr dienende Innenrohr in einzelne Sektionen unterteilt, zwischen denen sich jeweils ein konischer Ringspalt befindet. Die Sektionen werden durch O-Ringe und Justierschrauben in einem äußeren Stützrohr justiert und gegenseitig luftdicht getrennt, so daß jeder einzelne Ringspalt Zugang zu jeweils einer geschlossenen Kammer ist. Hierdurch wird erreicht, daß der auf eine Sektion entfallende Wandniederschlag in Fließrichtung zum nächsten Ringspalt getrieben wird und dort die Kammer füllen kann, während gleichzeitig keine Luftströmung in die Kammer abgezweigt wird, die zu einer Veränderung der Strömungsverhältnisse im Saugrohr führen würde.

In Vorversuchen war ermittelt worden, daß im 45 mm-Saugrohr für den auf ein Segment von 35 mm Länge entfallenden Wandniederschlag bei einer axialen Spaltweite von 8 mm in den interessierenden Betriebszuständen kein Überspringen des Spalts auftrat. Durch den Aufbau des Wandniederschlagmeßgerätes aus Plexiglas konnten die Strömungserscheinungen im Saugrohr darüberhinaus visuell überwacht werden.

Zur quantitativen Erfassung der in die einzelnen Kammern fließenden Wandniederschlagsmengen ist mit jeder Kammer jeweils ein geschlossener Meßzylinder luftdicht verbunden. Aus dem Verlauf des Füllstandes der einzelnen Zylinder in Abhängigkeit von der Versuchszeit ergeben sich die Niederschlagsanteile der einzelnen Sektionen des Meßrohres.

Während in der ursprünglichen Ausführung die unten geschlossenen Meßzylinder mit dem Stützrohr verschraubt waren und nach jedem Einzelversuch zur Entleerung abgeschraubt und wieder luftdicht verschraubt werden mußten, wurden in einer verbesserten Ausführung unten offene Meßrohre mit Schlauchfortsatz und Schlauchklemme verwendet, die durch Öffnen der Schlauchklemme einfach entleert werden konnten.

Durch gleichzeitige photographische Erfassung aller Meßwerte und Zylinderfüllstände zu verschiedenen Zeitpunkten während des Versuchsablaufes konnten alle Meßergebnisse mit der notwendigen Genauigkeit erfaßt werden. Hierzu gehört schließlich auch der Drosselklappenwinkel des Vergasers, der neben dem Saugrohr-Unterdruck den Betriebszustand des Gesamtsystems eindeutig definiert.

Die im Abstand von 60 sec. aufgenommenen Abbildungen 3 und 4 zeigen exemplarisch den Ablauf eines Einzelversuchs, für den die zwischenzeitlichen Änderungen der Füllhöhe der einzelnen Meßrohre des Wandniederschlagmeßgerätes und die Füllstandsänderung des Kraftstoff-Vorratbehälters sichtbar sind. Aus derartigen Aufnahmen kann die Bestimmung des Kraftstoffdurchsatzes sowie des absoluten bzw. relativen Wandniederschlages aus den Differenzhöhen der kalibrierten Meßrohre und des Vorratsbehälters mit großer Genauigkeit erfolgen.

3. Vernebelungsanordnungen

3.1 Allgemeines

Die vorliegenden Untersuchungen zum Kraftstoffvernebeln mit Ultraschall gehen von der Vorstellung aus, zusätzlich zum konventionellen Vergaser ein Ultraschall-Vernebelungsgerät im Saugrohr des Motors anzuordnen, wobei die Dosierung des Kraftstoffes ausschließlich im Vergaser erfolgt und dem Vernebelungsgerät ein je nach Betriebszustand des Gesamtsystems mehr oder weniger großer Anteil des dosierten Treibstoffes zugeführt wird.

Für die Vernebelung mit Hilfe von Ultraschall kommen sowohl relativ großflächige piezoelektrische Dickenschwinger als auch stabförmige Longitudinal-Resonatoren in Betracht.

Vorversuche mit Quarzresonatoren bei 800 kHz ergaben zwar in ruhender Luft Tröpfchennebel mit Tröpfchendurchmessern von ca. 5 µm bei Kraftstoffdurchsätzen bis zu 2 kg/h, zeigten jedoch einen völligen Zusammenbruch von Nebelqualität und Vernebelungsleistung schon bei geringen Strömungsgeschwindigkeiten der Luft, die weit unterhalb der in Saugrohren auftretenden Werte liegen.

Die Beeinträchtigung der Ultraschall-Vernebelung durch Luftströmung an der vernebelnden Oberfläche ist bei allen Ultraschall-Frequenzen zu beobachten und kann nur durch entsprechende Vergrößerung der Ultraschall-Amplitude hinsichtlich der Vernebelungsleistung kompensiert werden. Dabei muß in jedem Falle eine Vergrößerung des mittleren Tröpfchendurchmessers durch Koagulation und ein entsprechend vergrößerter elektrischer Leistungsbedarf in Kauf genommen werden.

Da die für den Saugrohrbetrieb erforderliche Steigerung der Schwingungsamplitude bei Quarzresonatoren im 1 MHz-Bereich aus Dauerfestigkeitsgründen nicht möglich ist, und da

Maßnahmen zur Abschirmung von Luftströmungen gleichzeitig
in erheblichem Umfange zur Koagulation und Niederschlagung
des erzeugten Nebels beitrugen, erwies sich diese Art der
Vernebelung als für den vorgesehenen Einsatz wenig geeignet.

Die vorliegenden Untersuchungen befassen sich deshalb mit
der Vernebelung mit Hilfe von stabförmigen Longitudinal-
Resonatoren. Bei diesen Resonatoren sind die Abmessungen
der vernebelnden Fläche klein im Verhältnis zur Wellenlänge
der Ultraschallschwingung, so daß die Forderung nach einem
bestimmten Mindestdurchsatz nur erfüllt werden kann, wenn
die Frequenz des Resonators eine bestimmte Obergrenze nicht
überschreitet.

Im Hinblick auf Vernebelungsleistungen in der Größenordnung
von 10 kg/h bei den erhöhten Anforderungen durch die Strömung
im Saugrohr wurden die Longitudinal-Resonatoren für den
40 kHz-Bereich entwickelt und erprobt. Obwohl im Vergleich
zu diesem Frequenzbereich z.B. bei einer Frequenz von
100 kHz Tröpfchen von etwa dem halben Durchmesser erzeugt
werden können, zeigte sich im Laufe der vorliegenden Untersuchungen, daß die obigen Leistungsanforderungen oberhalb
des 40 kHz-Bereiches zunehmend weniger erfüllt werden können.

3.2 Die koaxiale Vernebelungsanordnung

Für die Vernebelung bei 40 kHz zeigt Abb. 5 von der Saugrohr-
seite her die erste Versuchsanordnung. Sie wird zwischen Vergaser und Saugrohr eingeflanscht betrieben.

Ein besonderer Vorteil dieser koaxialen Vernebelungsanordnung ist darin zu sehen, daß am zentralen Ultraschall-
Schwinger wegen der Symmetrie des Aufbaues eine minimale
Beeinträchtigung des Vernebelungsvorganges durch Strömungs-
wirkungen auftritt, während gleichzeitig der erzeugte Kraftstoffnebel zentral in den Luftstrom eingebracht wird.

Diese und alle weiteren Anordnungen wurden zusammen mit
einem Stromberg-Vergaser Typ 175 CD untersucht. Dieser
moderne Vergasertyp arbeitet mit dem Prinzip des "konstanten
Unterdrucks", wobei Lufttrichterquerschnitt und Nadeldüsenöffnung nahezu ausschließlich von der Durchflußmenge der
Luft bestimmt werden, so daß in allen Betriebszuständen
das jeweils optimale Luftverhältnis λ gewährleistet
ist [5].

Auch bei diesem Vergasertyp läßt sich nicht vermeiden, daß
im Leerlauf- und Teillastbereich des Motors an der Drosselklappe, die in bezug auf die dosierende Nadeldüse saugrohr-
seitig angeordnet ist, ein großer Teil des Kraftstoffes zunächst abgeschieden wird, da in diesen Betriebsbereichen
die Drosselklappe weitgehend geschlossen ist. Zwar führt die
hohe Geschwindigkeit der Luft am Rande der Drosselklappe
zu einer feinen Zerstäubung des Kraftstoffes [6], jedoch
tritt die feine Zerstäubung nur in räumlich eng begrenzten
Volumina auf, die umso kleiner sind, je niedriger die
Motordrehzahl bzw. die Saugleistung des Motors ist. Nach
den in der vorliegenden Arbeit gewonnenen Meßergebnissen
werden z.B. bei einem Saugrohrdruck von 0,95 bar ca.
40 - 50 % der dosierten Kraftstoffmenge kurz hinter der
Drosselklappe an den Saugrohrwänden niedergeschlagen.

Zur Verringerung des an der Drosselklappe entstehenden Nie-
derschlags wurde der von der koaxialen Vernebelungsanordnung
zu vernebelnde Kraftstoff in ersten Versuchen dem Vergaser
unmittelbar an der Nadeldüsenöffnung entnommen. Dazu wurde
oberhalb der Nadeldüse eine Ringkammer mit Anschlußrohr
für Unterdruckentnahme des dosierten Kraftstoffes angeordnet, die einerseits durch offene Bauweise die Dosier-
eigenschaften der Düse nicht wesentlich beeinflußt, andererseits aber die Absaugung eines Teils des dosierten Kraft-
stoffs ermöglicht. Die Ringkammer wird aus dem Volumen
zwischen dem verkürzten Führungsrohr und einer Ringscheibe
gebildet, die an der Oberkante der Gehäusebohrung für den
Düsenstock eingepreßt ist. Die Ringkammer ist seitlich an

ein Rohr für die Unterdruckentnahme des Kraftstoffes angeschlossen, das durch die saugrohrseitige Wand der Schwimmerkammer verläuft.

Abb. 6 zeigt einen Schnitt durch die Schwimmerkammer und den modifizierten Düsenstock des Vergasers. Abb. 7 zeigt den Blick von oben auf die Deckscheibe der Ringkammer und das Anschlußrohr im Lufttrichtet des Vergasers.

Durch die von der Drosselklappe hervorgerufene Druckdifferenz zwischen Nadeldüsenöffnung und Saugrohr tritt automatisch eine Förderung des abgezweigten Kraftstoffes zum Vernebelungsgerät auf, so daß bei dieser Anordnung eine Kraftstoffpumpe zur Versorgung des Ultraschallwandlers nicht erforderlich ist.

3.3 Die Vernebelungsanordnung mit Nebenkammer

Da die koaxiale Vernebelungsanordnung im Zusammenwirken mit der Kraftstoffabsaugung an der Nadeldüse im Laufe der Untersuchungen nicht in allen Arbeitspunkten zufriedenstellte, wurde als Alternative eine Vernebelungsanordnung untersucht, die ohne Eingriff in den Vergaser und ohne Strömungshindernisse im Saugrohr arbeitet.

Abb. 8 zeigt ein entsprechendes Gerät mit hindernisfreiem Strömungskanal und obenliegender Vernebelungskammer von der Saugrohrseite. Abb. 9 zeigt von der gleichen Seite aus einen Blick in diese Kammer, in der in strömungsgeschützter Position die Stirnfläche des Ultraschallschwingers sichtbar ist. Die strömungsgünstige Form der offenen Vernebelungskammer entsteht aus der Durchdringung des Saugrohres von 45 mm Durchmesser mit parallelen Schrägbohrungen von 30 mm Durchmesser unter Schnittwinkeln von $20°$, die in einer zur Saugrohrachse senkrecht stehenden Führungsbohrung für den Ultraschallschwinger münden. Alle Bohrungsachsen liegen in einer Ebene mit der Achse des Saugrohres.

Ähnlich wie beim Wandniederschlagsmeßgerät wird bei diesem Gerät der Wandniederschlag in einem Ringspalt gesammelt.

Abb. 10 zeigt einen Schnitt durch den Ringspalt. Eine elektrische Pumpe befördert den gesammelten Kraftstoff zu einem Ultraschall-Vernebler, der in der obenliegenden Vernebelungskammer den Kraftstoffnebel erzeugt. Diese Anordnung hat den Vorteil, daß durch Koagulation entstehende große Tröpfchen nach Durchlaufen des ganzen Strömungsquerschnitts als Wandniederschlag abgeschieden werden und erneut einer Vernebelung zugeführt werden können.

Bei dieser Anordnung kann durch mehrfachen Kreislauf des dosierten Kraftstoffes der durchströmenden Luft eine größere Tröpfchenzahl und -oberfläche für längere Zeit angeboten werden, als dies bei einmaligem Durchlauf durch Vergaser oder Vernebler möglich ist, so daß die Beladung der Luft nahezu bis zur Sättigungsgrenze getrieben werden kann.

4. Die Vernebelungsschwinger

4.1 Allgemeine Anforderungen

An die Vernebelungsschwinger wurden die folgenden Forderungen gestellt:

1. Resonanzfrequenz im 40 kHz-Bereich.

2. Vernebelungsleistung mindestens 10 kg/h.

3. Dauerbetriebsfestigkeit bei dieser Leistung.

4. Verlustarmer Betrieb im Hinblick auf möglichst geringe elektrische Leistungsanforderungen.

5. Möglichst einfacher mechanischer Aufbau im Hinblick auf kostengünstige Fertigung.

Zu Beginn der vorliegenden Untersuchungen war zunächst nicht zu erkennen, daß die obigen, scheinbar leicht zu erfüllenden Forderungen durchaus zu konstruktiven Schwierigkeiten führen. Diese Schwierigkeiten ergaben sich aus der Notwendigkeit, die Vernebelungsschwinger mit möglichst großer Amplitude zu betreiben, um trotz der Luftströmungen eine störungsfreie Vernebelung sicherzustellen. Im Laufe der Untersuchungen ergaben sich deshalb in Richtung auf immer leistungsfähigere Vernebelungsschwinger verschiedene Entwicklungsstufen.

4.2 Kraftstoffzuführung und Vernebelungsfläche

Die geforderte Vernebelungsleistung von 10 kg/h erfordert bei 40 kHz je nach Schwingungsamplitude eine vernebelnde Fläche in der Größenordnung von einigen cm^2 bis zu minimal ca. 0,5 cm^2. Bei kleineren Amplituden und entsprechend größeren Flächen entsteht ein weniger dichter Tröpfchennebel mit entsprechend geringer Koagulationswahrscheinlich-

keit für die einzelnen Tröpfchen. Durch Luftströmungen
tangential zur vernebelnden Oberfläche wird in diesem
Falle die Vernebelung stark gestört bzw. völlig verhindert, was zu einer Überflutung der Vernebelungsfläche
führen kann. Ist die Überflutung einmal eingetreten, so
reicht die geringe Schwingungsamplitude nicht aus, die
Vernebelung erneut einsetzen zu lassen. Erst nach Abschalten der Flüssigkeitszufuhr und Ablauf der Zeit, die
zur mehr oder weniger zufälligen Räumung der Vernebelungsfläche benötigt wird, ist die Vernebelungsbereitschaft
wiederhergestellt.

Bei wesentlich größeren Schwingungsamplituden wird die
gleiche Flüssigkeitsmenge auf einer entsprechend kleineren Fläche vernebelt. Die vergleichsweise hohe Tröpfchendichte führt nun zu einer höheren Koagulationswahrscheinlichkeit für die einzelnen Tröpfchen, so daß ein Nebel
mit durchschnittlich größeren Tröpfchen entsteht. In
diesem Falle wirken sich allerdings tangentiale Luftströmungen weitaus weniger störend aus und eine eventuelle
Überflutung der Vernebelungsfläche wird wesentlich
schneller überwunden.

Trotz der Abnahme der Nebelqualität und der Zunahme des
elektrischen Leistungsbedarfs mit steigender Schwingungsamplitude mußte in den vorliegenden Untersuchungen die
Entwicklung der Vernebelungsschwinger in Richtung höherer
Schwingungsamplituden betrieben werden, um den Betriebsanforderungen im Saugrohr zu genügen.

Die Koagulationswahrscheinlichkeit der Nebeltröpfchen wird
nicht ausschließlich von der Größe der vernebelnden Fläche
und von der Luftgeschwindigkeit bestimmt, sondern auch von
der Richtcharakteristik der von der Vernebelungsfläche
fortgeschleuderten Tröpfchen. Die Koagulationswahrscheinlichkeit wird mit zunehmendem Abstand von der Vernebelungsfläche umso geringer, je stärker der Nebelstrahl divergiert.

Die Richtung, in der die Tröpfchen von einem bestimmten Oberflächenelement der Vernebelungsfläche fortgeschleudert werden, ergibt sich aus der vektoriellen Addition der Strömungsgeschwindigkeit der Flüssigkeitsoberfläche an dieser Stelle und der zur Flüssigkeitsoberfläche senkrecht stehenden Startgeschwindigkeit.

Da sowohl die Startgeschwindigkeit als auch die flächenspezifische Vernebelungsleistung und damit das Strömungsfeld der Flüssigkeit auf der Vernebelungsfläche von der Amplitude der Ultraschallschwingung stark abhängen, ergeben sich je nach Amplitude unterschiedliche Richtcharakteristiken für die abgesprühten Tröpfchennebel.

Zur Erzielung gewünschter Richtcharakteristiken bei gegebener Schwingungsamplitude stehen gemäß den obigen Überlegungen zwei Möglichkeiten offen:

1. Vorgabe des Strömungsfeldes der Flüssigkeit auf der Vernebelungsoberfläche durch gezielte Zuführung der Flüssigkeit mittels entsprechend gestalteter Düsen.

2. Krümmung der Oberfläche des Vernebelungsschwingers zur Erzielung einer geeigneten Richtungsverteilung der Flüssigkeitsoberflächenelemente.

In den vorliegenden Untersuchungen wurden beide Möglichkeiten genutzt, um den jeweiligen Versuchsanforderungen entsprechende Richtcharakteristiken zu erzielen.

Für die koaxiale Anordnung ist es allerdings wegen des in einigen Arbeitspunkten zu geringen Förderdruckes für den Kraftstoff nicht möglich, den Kraftstoff durch eine Düse der Vernebelungsfläche zuzuführen. In diesem Falle werden Zuführungsbohrungen im Vernebelungsschwinger benutzt.

Diese Bohrungen münden einerseits zwischen zwei auch der
Halterung dienenden O-Ringen in der Nähe des Schnelle-
knotens, andererseits in der Vernebelungsfläche. Die Um-
lenkung und Verteilung des Kraftstoffstroms auf die Vernebelungsfläche wird durch eine zentrale Umlenkdüse oder
mittels Kapillarkräften bewirkt.

Abb. 11 zeigt rechts einen Schnitt durch einen Vernebelungsschwinger mit zentraler Umlenkdüse und links einen Schnitt
durch einen Vernebelungsschwinger mit zunehmend erweiterter
Innenbohrung, an der der Kraftstoffstrom aufgrund von
Kapillarkräften bis zur Vernebelungszone geführt wird.
Die Vernebelungsfläche dieses Schwingertyps ist ebenfalls
in den Abb. 5 und 13 sichtbar.

Für die Vernebelungsanordnung mit Nebenkammer wurden
Schwinger mit höheren Leistungen benötigt, so daß die
Beeinträchtigung der Festigkeit durch Zuführungsbohrungen
im Resonator nicht in Kauf genommen werden konnte. Hier
wird durch Schrägaufstrahlung des von einer Pumpe ge-
förderten Treibstoffes unter einem Winkel von 60° eine
Richtungsverteilung des Tröpfchennebels erzielt, die
der Form der Vernebelungskammer angepaßt ist.

Abb. 12 gibt einen Eindruck von dieser Richtungsverteilung
bei einer Vernebelungsleistung von 12 kg/h.

4.3 Verbundschwinger

Verbundschwinger zeichnen sich durch einfachsten mechanischen
Aufbau aus. Ein Wellenleiter bildet zusammen mit einer an
einer Endfläche des Wellenleiters befestigten Scheibe aus
piezoelektrischem Material einen Resonator, der in seiner
longitudinalen Grundresonanz schwingt. Die beiden Endflächen
des Verbundschwingers schwingen gegenphasig, während sich
etwa in der Mitte des Schwingers ein Bewegungsknoten befindet, in dessen Nähe der Schwinger ohne wesentliche

Beeinflussung seiner Resonanzfrequenz und ohne wesentliche
Abstrahlverluste gehaltert werden kann. Verbundschwinger
werden in der Regel als Schnelle-Transformatoren ausgelegt,
indem sie aus zwei etwa gleich langen Teilen mit verschiedenem Durchmesser zusammengesetzt werden. Befindet sich der
Durchmessersprung in der Nähe der Knotenebene, so kann ein
Übersetzungsverhältnis für die Schnelle erreicht werden, das
dem Querschnittsverhältnis der Teilstücke umgekehrt proportional ist. Wegen der geringeren Wechselspannungen und
-dehnungen auf der Seite mit dem größeren Querschnitt wird
die piezoelektrische Scheibe dort angeordnet, wenn möglichst große Schwingungsamplituden auf der Seite mit dem
geringeren Querschnitt erreicht werden sollen.

Die Endfläche des Verbundschwingerteils mit dem geringeren
Querschnitt wird zur Erzielung einer größeren Abstrahlleistung tellerförmig vergrößert, wenn die spezifische
Flächenbelastung an der Endfläche gering ist, wie z.B.
beim Vernebeln von Flüssigkeiten oder bei Abstrahlung in
Gase.

Abb. 13 zeigt einen Verbundschwinger, an dessen rückwärtigem Ende sich eine Kontaktfeder zur Zuführung der Wechselspannung für die Piezoscheibe befindet. Die zwei O-Ringe
in der Nähe der Querschnittsstufe dienen zur radialen
Justierung und zur Abdichtung des zwischen ihnen dem
Schwinger zugeführten Kraftstoffstromes. An der Querschnittsstufe wird der Schwinger durch einen Federring
in axialer Richtung gegen den Unterdruck im Saugrohr abgestützt; der dabei entstehende Kontakt dient gleichzeitig
als Massekontakt für die elektrisch leitfähig verbundene
Piezoscheibe.

Wegen des Wegfalls der Treibstoffzufuhr zum Schwingerkörper des in Abb. 14 gezeigten Verbundschwingers erfolgt hier die Lagerung und Justierung über einen einzigen O-Ring in der Knotenebene. Die elektrischen Zuführungen
für die Piezoscheibe sind als dünne Kupferlackdrähte mit

elektrisch leitfähig aufgeklebten Lötstützpunkten ausgeführt, so daß sich unter Berücksichtigung der Isolationsanforderungen ein minimales Einbauvolumen in den in Abb. 15 gezeigten Schwingereinsatz ergibt. Dieser Schwingereinsatz, der gleichzeitig die Düse für die Kraftstoffzufuhr zur Vernebelungsfläche trägt, wurde zur Erprobung von Verbundschwingern in der in Abb. 8 gezeigten Vernebelungsanordnung mit Nebenkammer eingesetzt.

Angesichts der im Laufe der Untersuchungen erhöhten Forderungen an die Leistungsfähigkeit der Verbundschwinger, traten zwei Nachteile dieser Bauform zunehmend in Erscheinung:

1. Nur ein kleiner Anteil der im Resonanzbetrieb im Schwinger auftretenden Blindleistung durchsetzt die an der Endfläche befindliche piezoelektrische Scheibe. Das hat zur Folge, daß die mechanischen Verlustwiderstände des Schwingsystems an den elektrischen Klemmen als im Vergleich zur Impedanz der Bürdekapazität der Piezoscheibe große Widerstände erscheinen. Hieraus ergeben sich nicht nur Schwierigkeiten für die Auslegung selbstabstimmender Generatoren, sondern auch starke Belastungen der Verbindung zwischen Piezoscheibe und restlichem Resonatorkörper durch hohe Wechselspannungen, die bei kleinen Dehnamplituden zur Übertragung der benötigten Wirkleistung erforderlich sind.

2. Eine Vergrößerung der Schwingungsamplitude der Vernebelungsfläche durch ein stärkeres Stufungsverhältnis der Querschnitte führt zu einer Überschreitung der im Hinblick auf Dauerbetriebsfestigkeit zulässigen Spannungsamplituden in der Nähe der Knotenfläche, während eine Vergrößerung der Schwingungsamplitude des gesamten Resonators bei konstantem Querschnittssprung zu einer kritischen Mehrbelastung der Verbindung zur Piezoscheibe und der Piezoscheibe selbst führt.

In Dauerversuchen erwies sich überdies die Verbindung der
Piezoscheibe mit dem metallischen Schwingerkörper als
problematisch. Zwar wird die Wirkung unterschiedlicher
thermischer Ausdehnungskoeffizienten von Metall und
piezoelektrischer Keramik dadurch in kontrollierten
Grenzen gehalten, daß die Verbundung durch Klebung mit
einem Klebespalt erfolgt, dessen Dicke entsprechend
Abb. 11 radialsymmetrisch und radiusproportional zunimmt;
jedoch zeigte sich in verschiedenen Fällen, daß Inhomogenitäten in der Nähe der Oberfläche der Piezokeramik
zum Ausgangspunkt von Überlastungsbrüchen wurden.

Diese grundsätzlichen Einschränkungen der Leistungsfähigkeit von Verbundschwingern führten zu der Notwendigkeit,
auf mechanisch komplizierter aufgebaute Schwinger mit
Schraubenvorspannung überzugehen.

4.4 Schwinger mit Schraubenvorspannung

Schwinger mit Schraubenvorspannung unterscheiden sich von
Verbundschwingern dadurch, daß die piezoelektrische Anregung nahe an der Knotenebene erfolgt, so daß sich das
piezoelektrische Element in einem Wechselkraftbauch befindet. Gleichzeitig ist die durch die Schraubenvorspannung in diesem Element erzeugte Druckspannung größer
als die Amplitude der Wechselspannung, so daß in keiner
Phase der Schwingung dort eine Zugspannung resultieren kann.

Durch dieses Prinzip entfallen die bei Verbundschwingern
auftretenden Festigkeitsprobleme. Der kompliziertere Aufbau von Schwingern mit Schraubenvorspannung führt andererseits zu einer geringeren Güte des Resonators, die einen
erhöhten Leistungsbedarf zur Erreichung einer bestimmten
Schwingungsamplitude im Vergleich zum Verbundschwinger
zur Folge hat. Aus Vergleichsversuchen von Verbundschwingern mit Vorspannung durch mehrere am äußeren Umfang
angeordnete Schrauben und von Verbundschwingern mit einer
zentralen Spannschraube ergab sich hinsichtlich der inneren

Verluste eine Überlegenheit der Bauart mit zentraler Spannschraube.

Abb. 16 zeigt die Einzelteile, aus denen ein optimierter Schwinger mit zentraler Schraube zusammengesetzt wird. Die Schraube mit Feingewinde für die Verspannung der in der Mitte gezeigten piezoelektrischen Ringscheiben mittels der rechts und links gezeigten Ringmuttern läuft aus Festigkeitsgründen bis zur tellerförmigen Vernebelungsfläche in einem Stück durch. Zur Kontaktierung der mit entgegengesetzter Polarisierung montierten Piezoringe dienen Lötfahnen aus dünnem Kupferblech.

Für Schraube und Muttern wurde der rost- und säurebeständige Stahl X 12CrMoS17 (Stoff-Nr. 1.4104) mit einer Streckgrenze von 440 kN/mm^2 eingesetzt. Für die Ringscheiben wurde ferroelektrische Keramik aus Bleizirkonattitanat, Sonox P 8 der Firma Rosenthal eingesetzt.

Abb. 17 zeigt die Seitenansicht des montierten und vorgespannten Vernebelungsschwingers. Nicht sichtbar ist hier ein Isolationszwecken dienendes Stückchen Teflonschlauch zwischen den Gewindeabschnitten der zentralen Spannschraube.

Die Dimensionierung der Einzelteile eines derartigen Schwingers oder eines Verbundschwingers kann in gewissen Grenzen auf empirischer Grundlage vorgenommen werden. Zur Erzielung maximaler Leistung bzw. minimaler Materialbeanspruchung muß die Schwingerkontur jedoch unter Zugrundelegung der verschiedenen Materialdaten berechnet werden.

4.5 Die Berechnung des Resonators

Für bestimmte Konturen des Resonators, wie z.B. Konus-, Exponential- und Katenoidschwinger lassen sich die Verteilungen von Schnelle und Kraft entlang der Symmetrieachse aus der Wellengleichung für Longitudinalschwingungen von Stäben in geschlossener Form berechnen [7]. Aus der Forderung nach bestimmten Betriebseigenschaften, z.B. hinsichtlich Materialbeanspruchung oder Biegesteifigkeit, lassen sich umgekehrt aus der Wellengleichung geeignete Profile bestimmen [8].

Für einfache Formen des in Abschnitt 4.3 besprochenen Verbundschwingers können die Gleichungen für die Abhängigkeit der Eingangs- und Abschlußimpedanzen von der Länge einzelner Teilstücke zu Dimensionierungszwecken genutzt werden [9].

Das Übertragungsverhalten von Schnelletransformatoren kann anhand der Kraft-Stromanalogie allgemeiner durch Kettenparameter beschrieben werden, die Kettenparametern inhomogener elektrischer Leitungen entsprechen [10].

Da für die vorliegenden Untersuchungen nicht nur Verbundschwinger, sondern auch Schwinger mit Schraubenvorspannung berechnet werden mußten, mußten die obigen Rechenverfahren erweitert werden. Bei Schwingern mit Schraubenvorspannung tritt nämlich eine akustische Verzweigung in die piezoelektrischen Ringscheiben bzw. in die Zentralschraube auf, so daß eine einfache Analogie zur inhomogenen elektrischen Leitung nicht mehr gegeben ist.

Die folgende Darstellung des hierfür benutzten Rechenverfahrens wird ebenso wie die obigen Ansätze aus der eindimensionalen Schwingungsgleichung unter der Voraussetzung abgeleitet, daß die Abmessungen des Resonators senkrecht zur Ausbreitungsrichtung der Longitudinalschwingungen sehr klein im Vergleich zur Wellenlänge sind, so daß durchmesser-

und konturbedingte Dispersionserscheinungen vernachlässigt werden können.

Zur Ableitung des benutzten Rechenverfahrens wird zunächst ein homogenes Leitungsstück zwischen den Ortskoordinaten x_o und x_1 gemäß Abb. 18 betrachtet. Der Zusammenhang zwischen den komplexen Spannungsamplituden $\underline{T}$ und den komplexen Schnelleamplituden $\underline{V}$ an den Stellen x_o und x_2 wird durch die Gleichungen (1) und (2) gegeben; hierbei sind die Zählrichtungen für die Schnelle durch Abb. 18 bestimmt.

(1) $\underline{T}_1 = \underline{T}_o \cos\alpha + \underline{V}_o \, jz \sin\alpha$

(2) $\underline{V}_1 = \underline{T}_o \, \frac{j}{z} \sin\alpha + \underline{V}_o \cos\alpha$

Hierbei ist die Kennimpedanz z durch Gl. (3) gegeben, in der ρ die Dichte und c die Ausbreitungsgeschwindigkeit der Longitudinalwelle im Leitungsstück zwischen x_o und x_1 ist.

(3) $z = \rho c$

Der Phasenwinkel α ist durch Gl. (4) gegeben, in der ω die Winkelfrequenz der Schwingungen ist.

(4) $\alpha = \frac{\omega}{c}(x_1 - x_o)$

Für die folgende Rechnung wird davon Gebrauch gemacht, daß bei Resonanz des Schwingers zwischen $\underline{V}$ und $\underline{T}$ eine feste Phasenverschiebung von π/2 besteht, so daß nur die Beträge dieser Größen von Interesse sind. Geht man gleichzeitig von den Spannungsamplituden auf die Kraftamplituden K an den Endflächen des Leitungsstücks über, so ergibt sich unter Benutzung der Gl. (5), (6) und (7), in denen F die Querschnittsfläche des Leitungsstücks und Z seine akustische Impedanz ist, Gl. (8) für den Zusammenhang von Kräften und Schnellen an den Endflächen.

(5) $\quad V = |\underline{V}|$

(6) $\quad K = F \dfrac{V}{j\underline{V}} \underline{T}$

(7) $\quad Z = F_z = F\rho c$

(8) $\quad \begin{pmatrix} K_1 \\ V_1 \end{pmatrix} = \begin{pmatrix} \cos\alpha & Z\sin\alpha \\ -\dfrac{1}{Z}\sin\alpha & \cos\alpha \end{pmatrix} \begin{pmatrix} K_o \\ V_o \end{pmatrix}$

Für den Übergang von den Spannungen auf die Kräfte ergibt sich dabei die Festlegung der Richtungspfeile gemäß Abb. 19. Da Gl. (8) nach den formalen Regeln der Matrizenrechnung auszuwerten ist, gilt für die Aneinanderkettung mehrerer Leitungsstücke unabhängig von deren jeweiligen Kennwerten Z und α das assoziative Gesetz der Matrizenmultiplikation, so daß Gl. (8) als Kettengleichung für die Berechnung des Übertragungsverhaltens beliebig zusammengesetzter Ketten benutzt werden kann.

Im folgenden wird die Kettenmatrix einer aus beliebig vielen Stücken zusammengesetzten Leitung mit $\underline{A}$ bezeichnet, mit den in Gl. (9) angegebenen Elementen ξ_{11}, ζ_{12}, $1/\zeta_{21}$ und ξ_{22}, wobei ξ dimensionslos ist und ζ die Dimension einer akustischen Impedanz hat.

(9) $\quad \underline{A} = \begin{pmatrix} \xi_{11} & \zeta_{12} \\ \dfrac{1}{\zeta_{21}} & \xi_{22} \end{pmatrix}$

Da $\underline{A}$ das Produkt von Matrizen der in Gl. (8) gegebenen Form ist, deren Determinante jeweils gleich 1 ist, ist die Determinante der Kettenmatrix $\underline{A}$ ebenfalls gleich 1. Mit Hilfe von $\underline{A}$ kann der Zusammenhang zwischen Kräften und Spannungen an zwei Orten x_m und x_n für eine aus beliebigen Teilstücken bestehende akustische Leitung zwischen diesen Punkten durch Gl. (10) ausgedrückt werden.

(10) $\begin{pmatrix} K_m \\ V_m \end{pmatrix} = \underline{A} \begin{pmatrix} K_n \\ V_n \end{pmatrix}$

Angesichts der Ähnlichkeit dieser Gleichung mit den Kettengleichungen der elektrischen Netzwerktheorie ist zu beachten, daß in $\underline{A}$ Vorzeichenunterschiede zur elektrischen Kettenmatrix auftreten, die damit zusammenhängen, daß Schaltungstreue nur gegeben ist, wenn die Kraft K in Analogie zur Stromstärke I gesetzt wird, bzw. die Spannung U in Analogie zur Schnelle V. Dann treten aber bezüglich der Richtungsdefinitionen dieser Vektoren unvermeidliche Unterschiede auf.

Bei der Berechnung des Schwingers mit Schraubenvorspannung tritt das Problem auf, daß sich zwischen den Spannmuttern zwei akustisch parallel geschaltete Leitungen befinden, nämlich einerseits die piezoelektrischen Ringe mit den zugehörigen Kontakfahnen, andererseits ein Teil der Zentralschraube. Bezeichnet man gemäß Abb. 20 die Kettenmatrix der einen Leitung mit $\underline{A}'$ und die der anderen Leitung mit $\underline{A}''$, so muß eine äquivalente Kettenmatrix $\underline{A}$ für die Parallelschaltung dieser Leitung bestimmt werden. Hierfür stehen die Gl. (11) und (12) für die an den Enden der einzelnen Leitungen auftretenden Kräfte und Schnellen zur Verfügung.

(11) $K = K' + K''$

(12) $V = V' = V''$

Nach Zwischenrechnungen ergeben sich hieraus für die Elemente der äquivalenten Kettenmatrix $\underline{A}$ die Gl. (13) bis (16).

(13) $\zeta_{21} = \zeta'_{21} + \zeta''_{21}$

(14) $\xi_{11} = (\xi'_{11}\zeta'_{21} + \xi''_{11}\zeta''_{21})/\xi_{21}$

(15) $\quad \xi_{22} = (\xi'_{22}\zeta'_{21} + \xi''_{22}\zeta''_{21})/\zeta_{21}$

(16) $\quad \zeta_{12} = (\xi_{11}\xi_{22} - 1)\zeta_{21}$

Aus den gleichen Rechnungen ergibt sich für die auf eine der beiden Leitungen verzweigte Kraft Gl. (17).

(17) $\quad K'_n = \{K_n + (\xi''_{22} - \xi'_{22})\zeta''_{21} v_n\}\zeta'_{21}/\zeta_{21}$

Die mit Hilfe dieser Gleichungen berechnete Aufteilung der Kraft auf Zentralschraube und Ringscheibe des in Abb. 17 gezeigten Schwingers ist in Abb. 21 dargestellt.

Zur Berechnung der Form des am stärksten beanspruchten Teilstücks der zentralen Spannschraube, der in Abb. 21 zwischen den Ortskoordinaten 0 und -30 mm liegt, wurden mit Hilfe des Kettenverfahrens von x = 0 ausgehend in kleinen Schritten die Werte für K berechnet. Die Querschnittsfläche des jeweils nächsten Leitungsstücks wurde dabei so bestimmt, daß die Materialbelastung den gleichen Wert wie im voraufgehenden Stück hat. Die auf diese Weise errechnete Kontur entspricht einem Ausschnitt aus einer Gaußkurve. Sie trägt zu einer im Verhältnis zur maximalen Materialbeanspruchung größtmöglichen Schnelle für die Vernebelungsfläche bei.

Mit dem benutzten Rechenverfahren sind die Möglichkeiten ausgeschöpft, die die eindimensionale Schwingungsgleichung für die Berechnung und Optimierung von stabförmigen Schwingern bietet.

Deshalb beruht die Dimensionierung des Vernebelungstellers auf Erfahrungen, die im Laufe der vorliegenden Untersuchungen gesammelt wurden.

5. Die Generatoren

5.1 Allgemeine Anforderungen

Im Hinblick auf den Einsatz der Vernebelungseinrichtung in Kraftfahrzeugen wurden an den Generator, der die elektrische Leistung zum Betrieb des Vernebelungsschwingers bereitstellen muß, die folgenden Anforderungen gestellt:

1. Automatische Abstimmung der Betriebsfrequenz auf die Resonanzfrequenz des Vernebelungsschwingers, die unter wechselnden Belastungen und aus mehreren anderen Gründen ihren Wert kurzfristig und auch langfristig ändern kann.

2. Kontrolle der Schwingungsamplitude des Vernebelungsschwingers. Da bei konstanter Leistung die Amplitude des Schwingers stark von seiner Belastung abhängen kann und da die Vernebelungsschwinger gerade unter starker Belastung mit im Hinblick auf ihre Dauerfestigkeit maximalen Amplituden betrieben werden müssen, kann eine plötzliche Verringerung der Belastung zu einer unzulässig hohen Schwingungsamplitude führen, wenn diese nicht kontrolliert wird.

3. Speisung aus dem Bordnetz, wobei eine einwandfreie Funktion im Spannungsbereich zwischen 8 und 16 V gefordert wird.

4. Geringe Leistungsaufnahme, d.h. guten elektrischen Wirkungsgrad wegen der geringen zusätzlichen Belastbarkeit des Bordnetzes von Kraftfahrzeugen.

Die Forderung nach Selbstabstimmung des Generators kann auf verschiedenen Wegen realisiert werden: So kann z.B. aus dem Phasenvergleich zwischen Kraft und Schnelle im piezoelektrischen Wandlerelement eine Steuergröße für die Frequenzabstimmung eines Oszillators gewonnen werden.

Eine weitere Möglichkeit besteht in der Wobbelung der Generatorfrequenz und der Ableitung der Steuergröße für die Mittenfrequenz aus der Phasenlage der hierbei auftretenden Amplitudenmodulation der Schnelle des Vernebelungsschwingers.

Für die Vernebelungsschwinger, auf die akustisch nur eine halbe Wellenlänge entfällt, ist im Vergleich zu den obigen Möglichkeiten das Prinzip der Selbsterregung durch Mitkopplung des elektrischen Schnellesignals die vom Schaltungsaufwand her einfachste Möglichkeit, automatisch bei der Resonanzfrequenz zu arbeiten.

5.2 Die Erzeugung selbsterregter Schwingungen

Zur Erzeugung selbsterregter Schwingungen durch Mitkopplung des elektrischen Schnellesignals sind eine Anzahl von Schaltungen bekannt [11].

Speziell für die Vernebelungsschwinger mit konzentrierten piezoelektrischen Wandlerelementen ist es sinnvoll, von dem in Abb. 22 gezeigten Ersatzschaltbild für einen piezoelektrischen Wandler auszugehen.

In diesem Bild wird eine Analogie der Stromstärke I mit der Schnelle V sowie der Kraft K mit der Spannung U zugrundegelegt. Betrachtet man den Wandler als homogenes Leitungsstück zwischen den Ortskoordinaten x_o und x_1 gemäß Abb. 18, so ist die Schnelle V gleich der Dehngeschwindigkeit $V_1 - V_o$ des Wandlers. Bei hoher Güte des Resonators ist V deshalb der Schnelle des Resonators proportional. Die Kraft K ist gleich den von der Spannung U zusätzlich hervorgerufenen Kräften K_o und K_1, die sich den aus der Schwingung des Resonators resultierenden Kräften überlagern. Durch diese Zusammenfassung der Schnellen zu V und der Kräfte zu K erübrigt sich die Darstellung des Wandlerelementes durch ein Sechspol-Ersatzschaltbild.

Für das Selbsterregungsprinzip ist lediglich die Reziprozität zwischen der Stromstärke I und der Schnelle V bzw. zwischen der Kraft K und der Spannung U von Bedeutung, wobei I und V immer gleichphasig sind, ebenso wie K und U. In dem durch die obigen Beziehungen gekennzeichneten idealen Wandler W ist auf der elektrischen Seite stets eine Bürdekapazität C_o parallel geschaltet, da das piezoelektrische Element stets auch einen elektrischen Kondensator darstellt. Der Wert von C_o ist bei der hier gewählten Analogie für nahezu alle piezoelektrischen Materialien weitgehend unabhängig von V und K und wird deshalb im folgenden als konstant behandelt.

Das Problem der Erzeugung eines elektrischen Signales für die Schnelle V besteht darin, den der Schnelle V proportionalen Teilstrom I zu messen, der in den idealen Wandler W hineinfließt, während an den elektrischen Klemmen des Piezoelementes nur der Gesamtstrom $I + I_o$ gemessen werden kann. Hierbei ist I_o der Teilstrom, der in die Bürdekapazität C_o fließt.

Für den Teilstrom I_o folgt aus dem Ersatzschaltbild der Zusammenhang $I_o = j\omega C_o U$. Dieser Zusammenhang kann in einfachen analogen Schaltungen nachgebildet werden, in denen I durch Substraktion des für I_o gebildeten Wertes von dem vom Wandler aufgenommenen Gesamtstrom rekonstruiert wird.

Abb. 23 zeigt als Beispiel eine Brückenschaltung, in deren linkem Zweig der gesamte vom piezoelektrischen Element aufgenommene Strom $I + I_o$ fließt, während im rechten Zweig der Strom $I_1 = I_o C_1 / C_o$ fließt. Für die Dimensionierung der Bauelemente gelte $R_o C_o = R_1 C_1$ und $\omega R_o C_o \ll 1$. Die Differenz der an den Meßwiderständen R_o und R_1 entstehenden Spannungen ist der Stromstärke I und somit der Schnelle V proportional.

Die in Abb. 23 gezeigte Schaltung ist in modifizierter Form für Generatorschaltungen geeignet, deren Ausgangsleistung über einen Transformator dem Wandler zugeführt wird. Hierbei wird, wie in Abb. 24 gezeigt, der Brückenabgriff des Wandlerzweiges zur Masse geschaltet, so daß einerseits eine Elektrode des Wandlers auf Massepotential liegt, andererseits die der Schnelle proportionale Spannung U_v massebezogen ist.

Da nur bei der Resonanzfrequenz die Kraft K und die Schnelle V gleichphasig sind, tritt Selbsterregung bei der Resonanzfrequenz auf, wenn die Spannung U_v phasentreu und in der Generatorschaltung G hinreichend verstärkt der Primärseite des Transformators mitkoppelnd wieder zugeführt wird. Dieser Effekt wird dadurch verstärkt, daß bei konstanter Kraft K die Schnelle ein Maximum bei der Resonanzfrequenz durchläuft.

5.3 Generatorschaltungen

Beim Betrieb des Vernebelungsschwingers muß mit erheblichen Lastschwankungen gerechnet werden, die die Schwingungsamplitude nicht wesentlich beeinflussen dürfen. Die Generatorschaltung muß deshalb außer ihrer Verstärkereigenschaft auch eine Verstärkungsregelung zur Konstanthaltung des Signales U_v aufweisen. Bei der Verwendung von realen Bauelementen treten in einer Schaltung entsprechend Abb. 24 zusätzliche Phasendrehungen auf, z.B. durch die Induktivität des Transformators. Die Kompensation der Phasendrehungen kann einerseits dadurch erfolgen, daß der Transformator mit Hilfe parallel geschalteter Kondensatoren zu einem selektiven Filter ergänzt wird, dessen Mittenfrequenz mit der Resonanzfrequenz des Vernebelungsschwingers übereinstimmt, andererseits können zusätzliche phasendrehende Glieder für die Signalspannung U_v erforderlich sein.

Abb. 25 zeigt an drei untersuchten Beispielen, mit wie wenigen Bauteilen selbsterregte Generatoren mit Amplitudenkontrolle realisiert werden können. Diese Generatoren wurden zusammen mit den in Abschnitt 4.3 beschriebenen Verbundschwingern eingesetzt, deren vergleichsweise hohe Leerlaufgüte eine sehr genaue Amplitudenkontrolle bei gleichzeitig geringer Leistungsaufnahme erforderte.

Bei diesen Generatoren wurde die Verlustleistung des Endstufentransistors direkt an den zu vernebelnden Kraftstoff abgeführt. Bei ca. 50 % Wirkungsgrad im B-Betrieb des Endstufentransistors betrug die maximale Stromaufnahme dieser Generatoren aus der 12 V-Versorgung ca. 4 A.

Für den erhöhten Leistungsbedarf und die niedrigere Eingangsimpedanz der Schwinger mit Schraubenvorspannung mußten die für den Betrieb von Verbundschwingern ausgelegten Generatorschaltungen modifiziert werden. Wegen der geringeren Güte dieser Schwinger und der besseren Kopplung der im Bereich des Spannungsbauches angeordneten piezoelektrischen Wandlerelemente mit dem Resonator wird die Schwingungsamplitude nahezu unabhängig von der Belastung der Vernebelungsfläche durch die von der Generatorschaltung abgegebene Stromstärke kontrolliert. Durch die Auslegung eines Generators auf konstanten Ausgangsstrom kann daher eine aktive Amplitudenregelung entfallen.

Abb. 26 zeigt den für den Betrieb von Schwingern mit Schraubenvorspannung entwickelten Generator, bei dem auf Luftkühlung des Endstufentransistors übergegangen wurde, um eine räumliche Trennung von Generator und Vernebelungsanordnung zu ermöglichen. Der Vernebelungsschwinger wird über ein Koaxialkabel an den Generator angeschlossen.

Wie aus dem in Abb. 27 gezeigten Schaltplan ersichtlich ist, weist der Generator außerdem Anschlüsse für das Bordnetz, den Anlasserschalter, einen Saugrohr-Unterdruckschalter und die Versorgung der Pumpe zur Absaugung des Wandniederschlages auf.

Da über ein Relais Generator und Saugpumpe nur dann eingeschaltet sind, wenn der Anlasser betätigt wird oder wenn im Saugrohr Unterdruck besteht, wird das Bordnetz bei stehendem Motor nicht belastet. Dadurch wird sichergestellt, daß die bei Betrieb des Vernebelungsschwingers anfallende

Verlustwärme durch die Luftströmung in der Nebenkammer und durch den vernebelten Kraftstoff abgeführt wird und daß auch eine ausreichende Ventilation für den Kühlkörper des Generators gegeben ist.

Im Vergleich zu Abb. 24 ist die in Abb. 27 dargestellte Brückenschaltung für das Schnellesignal dadurch modifiziert, daß die Kondensatoren C_6 und C_7 an die Stelle der Meßwiderstände R_1 und R_2 getreten sind. Dem Kondensator C_1 in Abb. 24 entspricht der Kondensator C_5 in Abb. 27. Der Ersatz der Meßwiderstände durch Kondensatoren hat den Vorteil, daß bei Vernebelungsschwingern mit niedriger Impedanz die beachtlichen Verlustleistungen vermieden werden, die an Meßwiderständen entstehen würden. Gleichzeitig können die Kondensatoren C_4 bis C_6 neben der Bürdekapazität des Vernebelungsschwingers zur sekundärseitigen Kompensation der Induktivität des Transformators TR beitragen. Zusammen mit der primärseitigen Kompensationskapazität ergibt sich ein auf die Resonanzfrequenz des Vernebelungsschwingers abgestimmter Resonanzkreis. Da das in der Brückenschaltung gewonnene Signal in bezug auf die Schnelle eine Phasendrehung von $-\pi/2$ aufweist, wird über R_3 und C_1 eine ergänzende Phasendrehung durchgeführt, die zusammen mit den kleinen Phasenverschiebungen an den Transistoren T_2 und T_3 eine phasenrichtige Mitkopplung des verstärkten Schnellesignals ermöglicht.

Ist der Vernebelungsschwinger nicht angeschlossen oder festgebremst, so bestimmt nur der von R_2 über D_3 auf die Basis von T_2 abgezweigte Strom den Ruhestrom durch den Emitter von T_3. Dieser Ruhestrom wird durch die Dimensionierung von R_2 auf einen Wert von 1 A bei 8 V eingestellt, so daß bei Zuführung eines Schnellesignals ein Anschwingen der Generatorschaltung im A-Betrieb gewährleistet ist. Wird der Transistor T_2 durch das Schnellesignal zusätzlich angesteuert, so wirkt das aus R_2 und den Dioden D_3 bis D_6 gebildete Glied während der negativen Halbwellen des Schnellesignals verstärkt als Stromquelle für die Ansteuerung von T_2, so daß die Schaltung mit zunehmender Amplitude des Schnellesignals in den B-Betrieb übergeht. Der Ausgangsstrom von T_3 wird aber durch die Begrenzung des Basisstroms von T_3 durch R_4 und durch die Abnahme der Stromverstärkung von T_3 mit zunehmender Basisstromstärke festgelegt. R_4 wird so dimensioniert, daß die Stromaufnahme der Generatorschaltung bei 12 V 5 A beträgt.

Zur Kontrolle der Funktion des Vernebelungsschwingers wird das Schnellesignal von der aus den Dioden D_7 bis D_{10} gebildeten Brücke gleichgerichtet der Leuchtdiode LD zugeführt. Diese Überwachungsschaltung leistet bei Versuchen wertvolle Dienste, da sie eine zuverlässige Funktionskontrolle für den in der Vernebelungsanordnung nur schwer zugänglichen Vernebelungsschwinger bietet.

Wie Abb. 28 im Vergleich zu Abb. 25 zeigt, hält sich der Bauteileaufwand auch für diesen Generator in engen Grenzen.

6. Ergebnisse der Vernebelungsversuche

Die koaxiale Vernebelungsanordnung und die Vernebelungsanordnung mit Nebenkammer wurden in verschiedenen Entwicklungsstadien auf der Fließbank untersucht. Dabei zeigte sich, daß sich beinahe mit jeder beliebigen Vernebelungsanordnung ein Arbeitspunkt finden läßt, in dem der Wandniederschlag verringert wird. An die Ultraschall-Vernebelungseinrichtung mußte jedoch die Forderung gestellt werden, daß sie in keinem Betriebszustand zu einer Verschlechterung im Vergleich zum Vergaser führen durfte. Durch die bei der koaxialen Vernebelungsanordnung gegebene Anordnung des Vernebelungsschwingers und seiner Halterung zentral im Luftstrom wird aber, wie sich zeigte, zusätzlicher Wandniederschlag erzeugt, so daß bei Ultraschall-Vernebelung mit dieser Anordnung nur in wenigen Arbeitspunkten eine Verbesserung insgesamt erzielt wurde.

Hingegen wird durch die zum Saugrohr hin offene Nebenkammer zunächst keine signifikante Vergrößerung des Wandniederschlages herbeigeführt, so daß sich die Ultraschall-Vernebelung voll auf die Verringerung der Wandniederschläge auswirken kann. Diese Wirkung ist im Teillastbereich, d.h. bei kleinen Drosselklappenwinkeln und entsprechend geringem Kraftstoffdurchsatz besonders ausgeprägt.

In Abb. 29 ist der an einem Versuchsvergaser gemessene Durchsatz reziprok in Abhängigkeit vom Saugrohrdruck und Drosselklappenwinkel für die Betriebszustände aufgetragen, die auf der Fließbank untersucht wurden.

Abb. 30 zeigt für diese Betriebszustände in der oberen Fläche den prozentualen Wandniederschlag, d.h. das Verhältnis von an der Wand niedergeschlagenem zu dosiertem Kraftstoff. Bei niedrigen Motordrehzahlen und entsprechend hohen Saugrohrdrucken liegt dieser relative Wandniederschlag für alle untersuchten Drosselklappenwinkel bei mehr als 40 %.

Die untere Fläche stellt die mit der Vernebelungsanordnung mit Nebenkammer und dem Schwinger mit Schraubenvorspannung erzielten Niederschlagswerte dar. Sieht man von Schwankungen ab, die in zufälligen Streuungen der Meßergebnisse begründet sein können, so ergibt sich bei allen Arbeitspunkten eine Verringerung des Wandniederschlages auf etwa die Hälfte.

Bei einer Reduzierung des relativen Wandniederschlages von 40 auf 20 % bedeutet das, daß bei gleicher Kraftstoffdosierung die Luft im Saugrohr um 1/3 stärker mit Kraftstoff beladen wird, mit den entsprechenden Folgen für die Zündwilligkeit des Gemisches.

7. Zusammenfassung

Bei der Ultraschallvernebelung von Kraftstoffen zum Betrieb von Kraftfahrzeugmotoren tritt eine Vielzahl von Einzelproblemen auf, von deren Lösung es abhängt, ob die Ultraschallvernebelung in der Praxis sinnvoll eingesetzt werden kann.

Zur objektiven Bewertung der Wirkung von zu untersuchenden Vernebelungsanordnungen wurden Messungen des Kraftstoff-Wandniederschlages im Saugrohr in Abhängigkeit vom Betriebszustand durchgeführt. Verschiedene Vernebelungsanordnungen, Ultraschallschwinger und Generatoren wurden anhand dieser Meßwerte und mit verbesserten Rechenverfahren weiterentwickelt.

Mit einer Nebenkammer-Vernebelungsanordnung, die zwischen Vergaser und Saugrohr den Kraftstoff-Wandniederschlag der Ultraschall-Vernebelung zuführt, konnte der Wandniederschlag auf die Hälfte reduziert werden. Dadurch wurde die bei Kaltstart und im Teillastbereich wichtige Beladung der Luft mit Kraftstoff deutlich vergrößert.

8. Literatur

[1] GRÖZINGER, H.:
Abgasentgiftung bei Vergasermotoren
MTZ, Motortechnische Zeitschrift 29(1968)9,S.355-365

[2] HÄRTEL, G.:
Was Vergaser leisten können
VDI-Nachrichten 50(1973),S.10 und 15

[3] CLARKE, J.S.:
Initiation and some Controlling Parameters of Combustion in the Automobile Engine
ASE Transactions (1962),S.240-261

[4] REIMANN, U.; POHLMAN, R.:
Optimierung der Vernebelung von Flüssigkeiten mit Ultraschall unter Berücksichtigung der Probleme bei höheren Frequenzen
Forsch.Ing.-Wes. 42(1976)1,S.1-36

[5] KNIGHT, P.G.G.:
The S.U. Carburetter
Proc. Instn. Mechn. Engrs. (A.D.) (1962-63)3,S.128-140

[6] LENZ, H.P.:
Vergleich zwischen Vergaser- und Einspritz-Ottomotoren
ATZ Automobiltechnische Zeitschrift 74(1972)6, 5 S.

[7] MERKULOV, L.G.:
Design of Ultrasonic Concentrations
Soviet Physics Acoustics 3(1957),S.246-255

[8] EISNER, E.
Design of Sonic Amplitude Transformers for High Magnification
The Journal of the Acoustical Society of America 35(1963)9,S.1367-1377

[9]   POHLMAN, R.; LIERKE, E.G.:

Ein Koppelschwinger zur Ultraschall-Vernebelung von Flüssigkeiten mit selbsttätiger Flüssigkeitsversorgung

VDI-Z. 108(1966)34,S.1669-1716

[10] BRINKMANN, R.:

Beanspruchung und Betriebsverhalten von Ultraschallkonzentratoren bei Belastung

Frequenz 25(1971)5,S.128-137

[11] van der BURGT, C.M.; PIJLS, H.S.J.:

Generator zum Erzeugen von Ultraschallschwingungen

Auslegeschrift des Deutschen Patentamtes,
Aktenzeichen: P 12 75 195.0-35 (N 23724),
Anmeldetag: 9. September 1963

9. Bildanhang

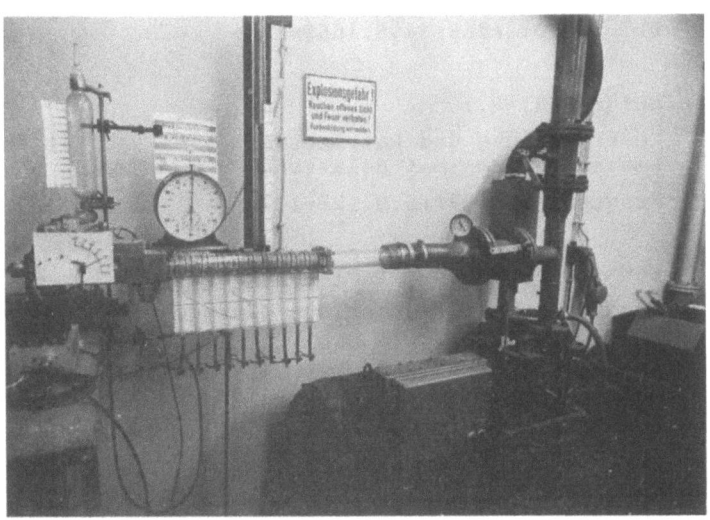

Abb. 1 Fließbank für die Untersuchung von Vernebelungseinrichtungen für Vergaserkraftstoffe.

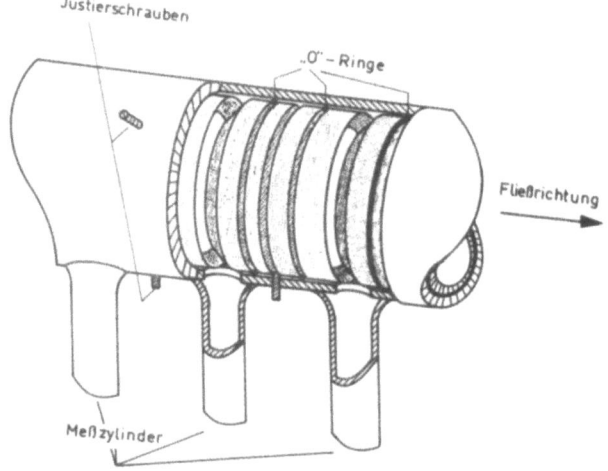

Abb. 2 Schnitt durch das Wandniederschlagsmeßgerät.

Abb. 3 Füllstände zu Beginn eines Vernebelungsversuches bei einem Saugrohrdruck von 0,9 bar und einem Drosselklappenwinkel von 30°.

Abb. 4 Füllstände zu einem in bezug auf Abb. 3 um 60 s späteren Zeitpunkt.

Abb. 5   Koaxiale Vernebelungsanordnung. Durch die
         Strebe wird dem Vernebelungsschwinger Kraft-
         stoff und elektrische Leistung zugeführt.

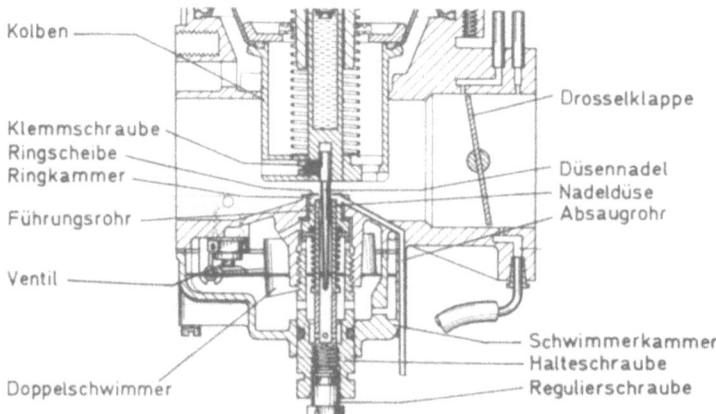

Abb. 6   Schnitt durch den modifizierten Stromberg-
         Vergaser 175 CDS

Abb. 7   Blick auf die Ringkammer und das Absaugrohr
        nach Ausbau des Kolbens.

Abb. 8   Die Vernebelungsanordnung mit Nebenkammer
        und saugrohrseitiger Wandniederschlagsabsaugung.

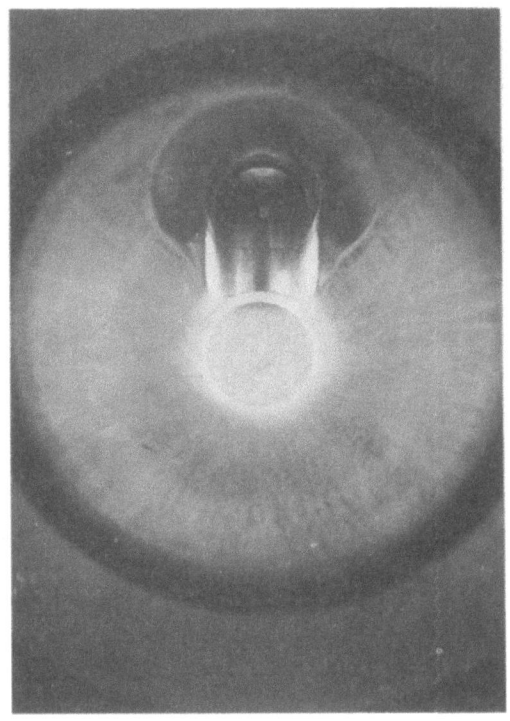

Abb. 9 Blick in die Nebenkammer, die zum Saugrohr hin offen ist.

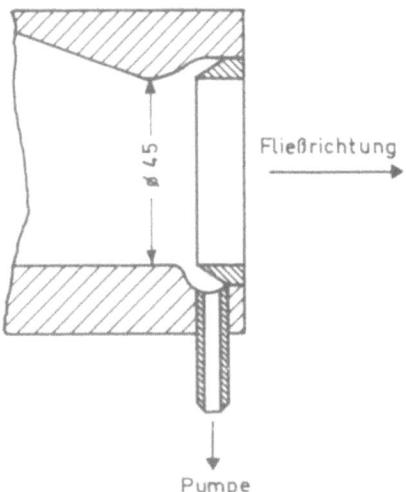

Abb. 10 Schnitt durch den saugrohrseitigen Ringspalt für die Abtrennung des Wandniederschlags.

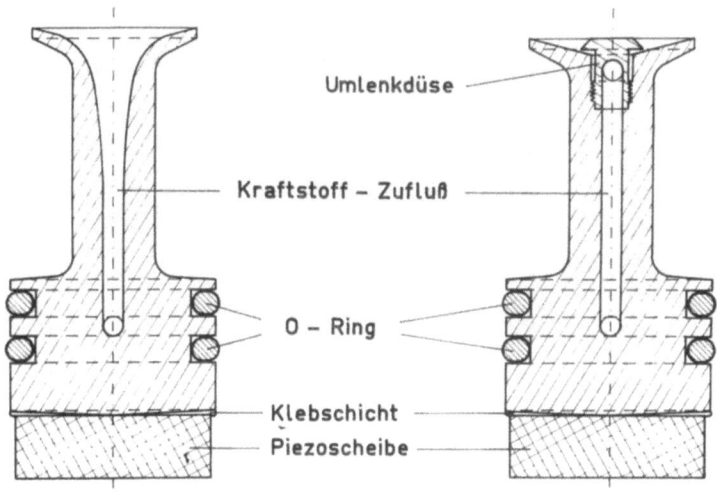

Abb. 11 Schnitt durch Verbundschwinger mit zentralem Kraftstoffzufluß.

Abb. 12 Aus der geöffneten Nebenkammer abgesprühter Nebel. Die Saugrohrseite befindet sich unten.

Abb. 13 Verbundschwinger für den Einsatz in der koaxialen Vernebelungsanordnung.

Abb. 14 Verbundschwinger für den Einsatz in der Nebenkammer-Vernebelungsanordnung.

Abb. 15 Schwingereinsatz mit Kraftstoffdüse für die Nebenkammer-Vernebelungsanordnung.

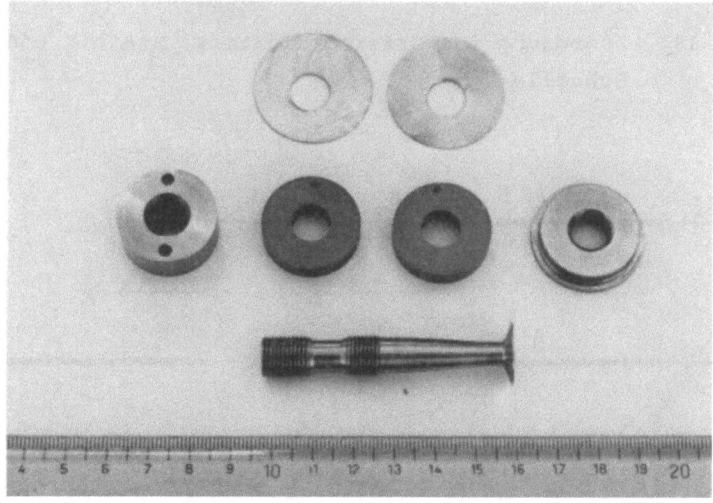

Abb. 16 Bestandteile eines Schwingers mit Schraubenvorspannung.

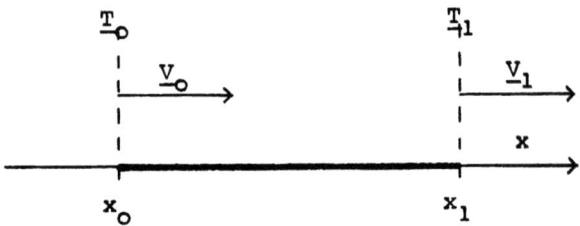

Abb. 18 Zuordnung von Ortskoordinate x, Spannungsamplitude $\underline{T}$ und Schnelleamplitude $\underline{V}$.

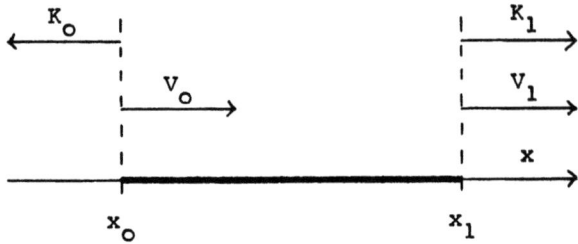

Abb. 19 Zuordnung von Ortskoordinate x, Kraft K und Schnelle V.

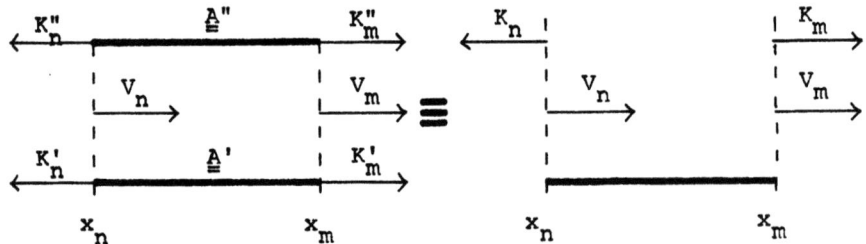

Abb. 20 Parallelschaltung von zwei akustischen Leitungen mit den Kettenmatrizen $\underline{\underline{A}}'$ und $\underline{\underline{A}}''$ zu einer äquivalenten Leitung mit der Kettenmatrix $\underline{\underline{A}}$.

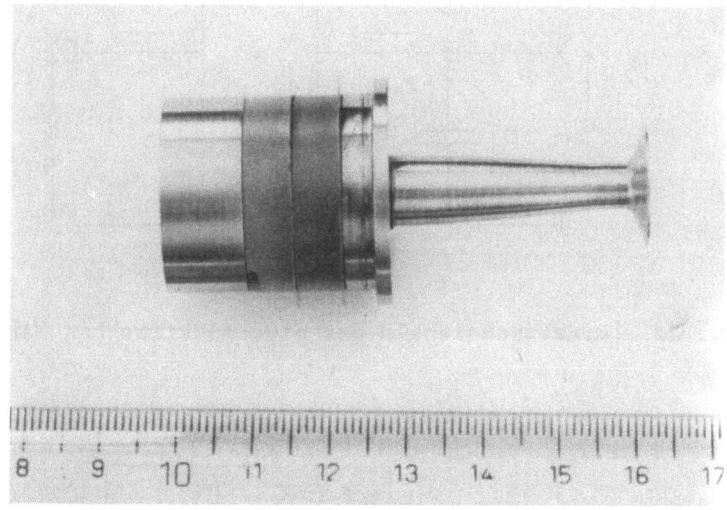

Abb. 17   Durch Zentralschraube vorgespannter Vernebelungsschwinger. Der mittige Kragen wird zwischen O-Ringen gelagert.

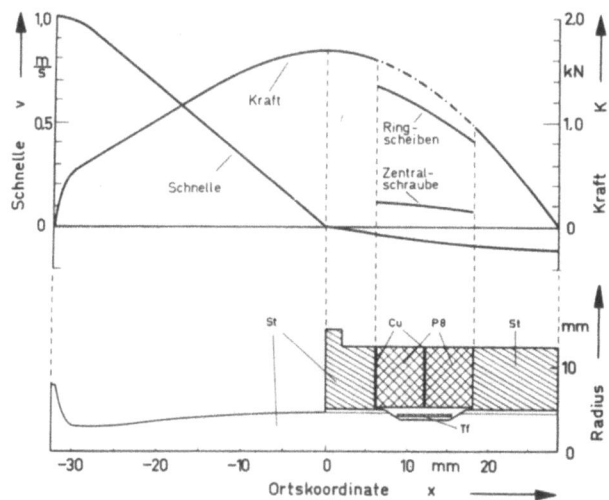

Abb. 21   Kontur und Ortsabhängigkeit von Kraft und Schnelle für den vorgespannten Vernebelungsschwinger.

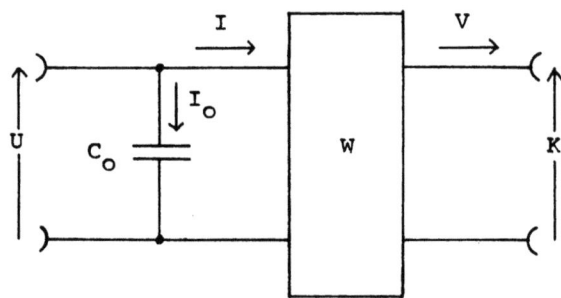

Abb. 22 Ersatzschaltbild des piezoelektrischen Wandlers.

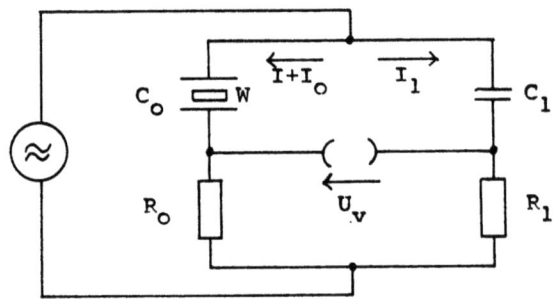

Abb. 23 Brückenschaltung zur Messung des Schnellesignals U_v.

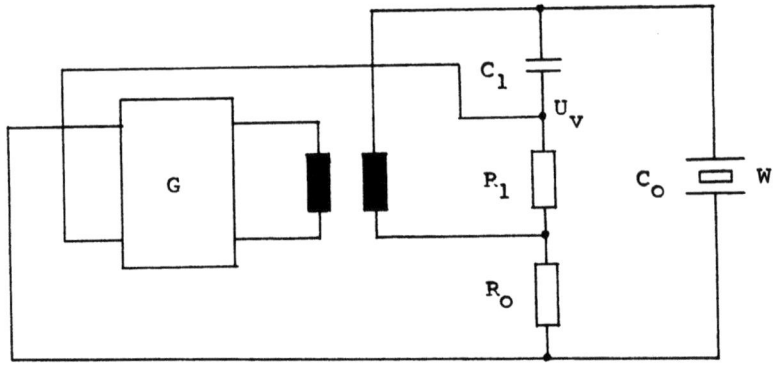

Abb. 24 Modifizierte Brückenschaltung für transformator-
gekoppelte Generatoren.

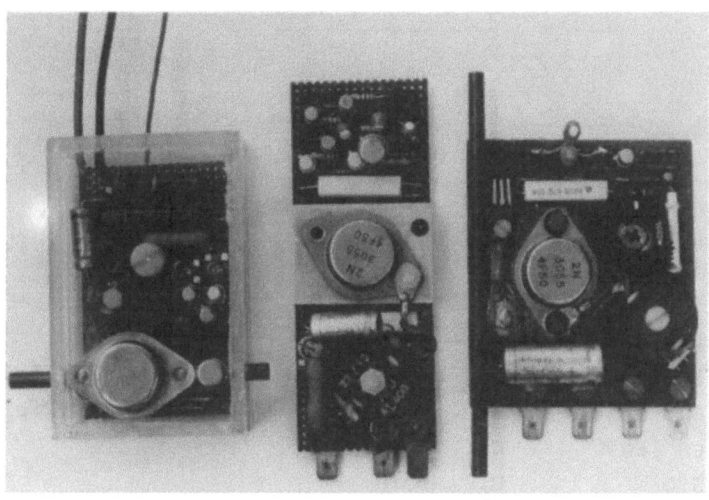

Abb. 25   Generatoren für den amplitudenkontrollierten
         Betrieb von Verbundschwingern.

Abb. 26   Generator für den Betrieb von Schwingern
         mit Schraubenvorspannung.

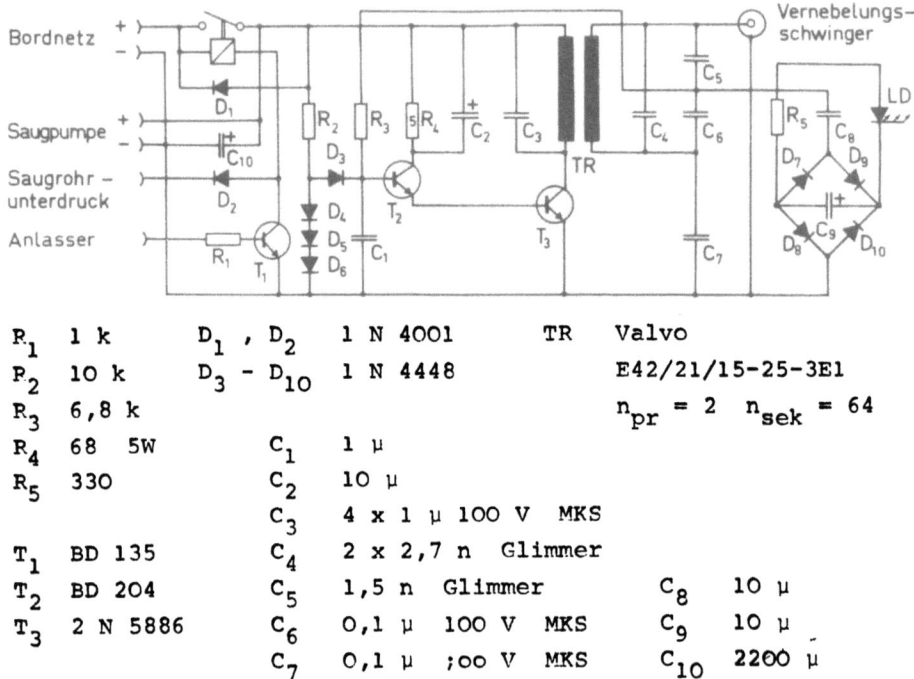

R_1	1 k	D_1, D_2	1 N 4001	TR	Valvo	
R_2	10 k	$D_3 - D_{10}$	1 N 4448		E42/21/15-25-3E1	
R_3	6,8 k				$n_{pr} = 2$ $n_{sek} = 64$	
R_4	68 5W	C_1	1 µ			
R_5	330	C_2	10 µ			
		C_3	4 x 1 µ 100 V MKS			
T_1	BD 135	C_4	2 x 2,7 n Glimmer			
T_2	BD 204	C_5	1,5 n Glimmer	C_8	10 µ	
T_3	2 N 5886	C_6	0,1 µ 100 V MKS	C_9	10 µ	
		C_7	0,1 µ ;oo V MKS	C_{10}	2200 µ	

Abb. 27   Schaltplan und Teileliste des in Abb. 26 gezeigten Generators.

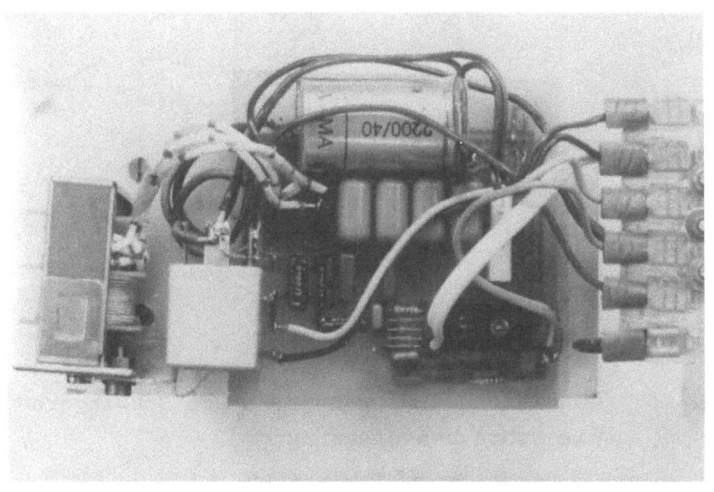

Abb. 28   Die bestückte Schaltplatine des obigen Generators

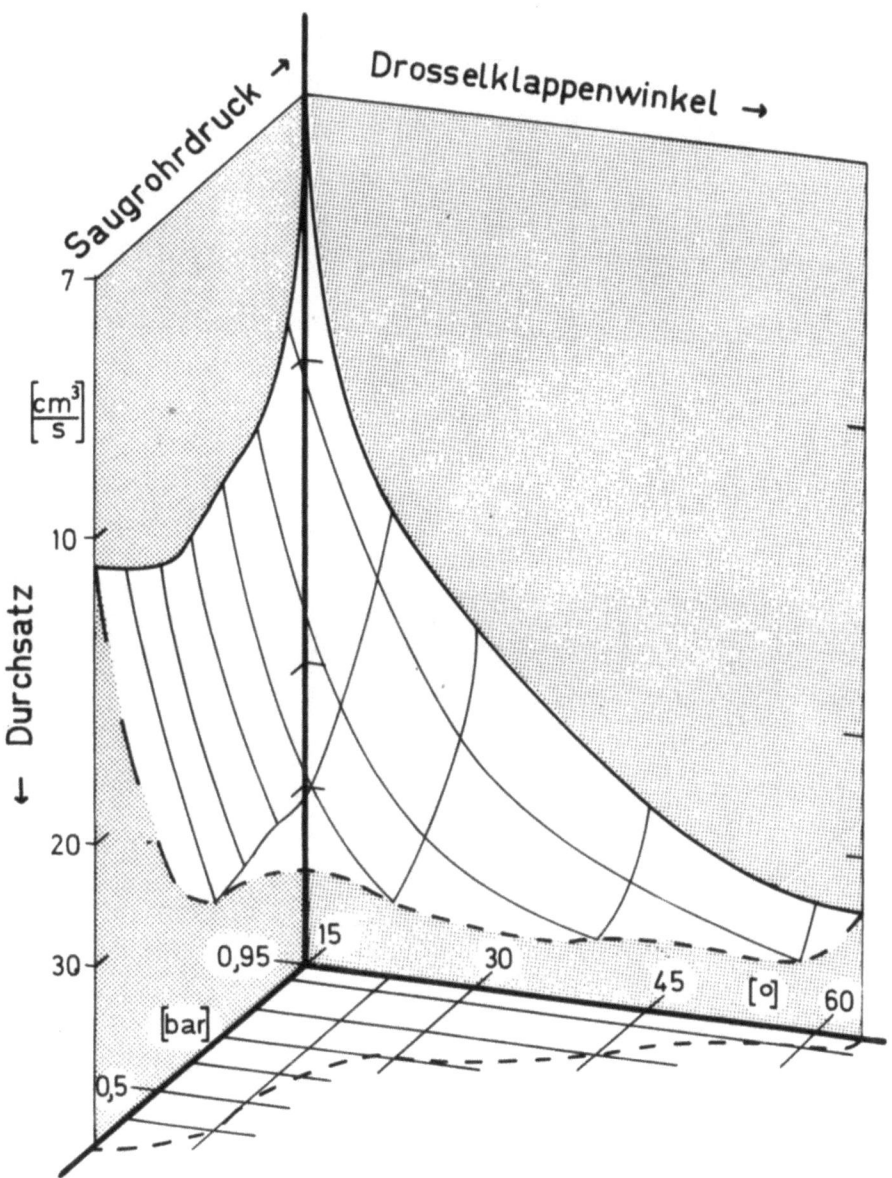

Abb. 29 Kraftstoffdurchsatz in Abhängigkeit von Saugrohrdruck und Drosselklappenwinkel für einen Stromberg-Vergaser 175 CDS in reziproker Darstellung.

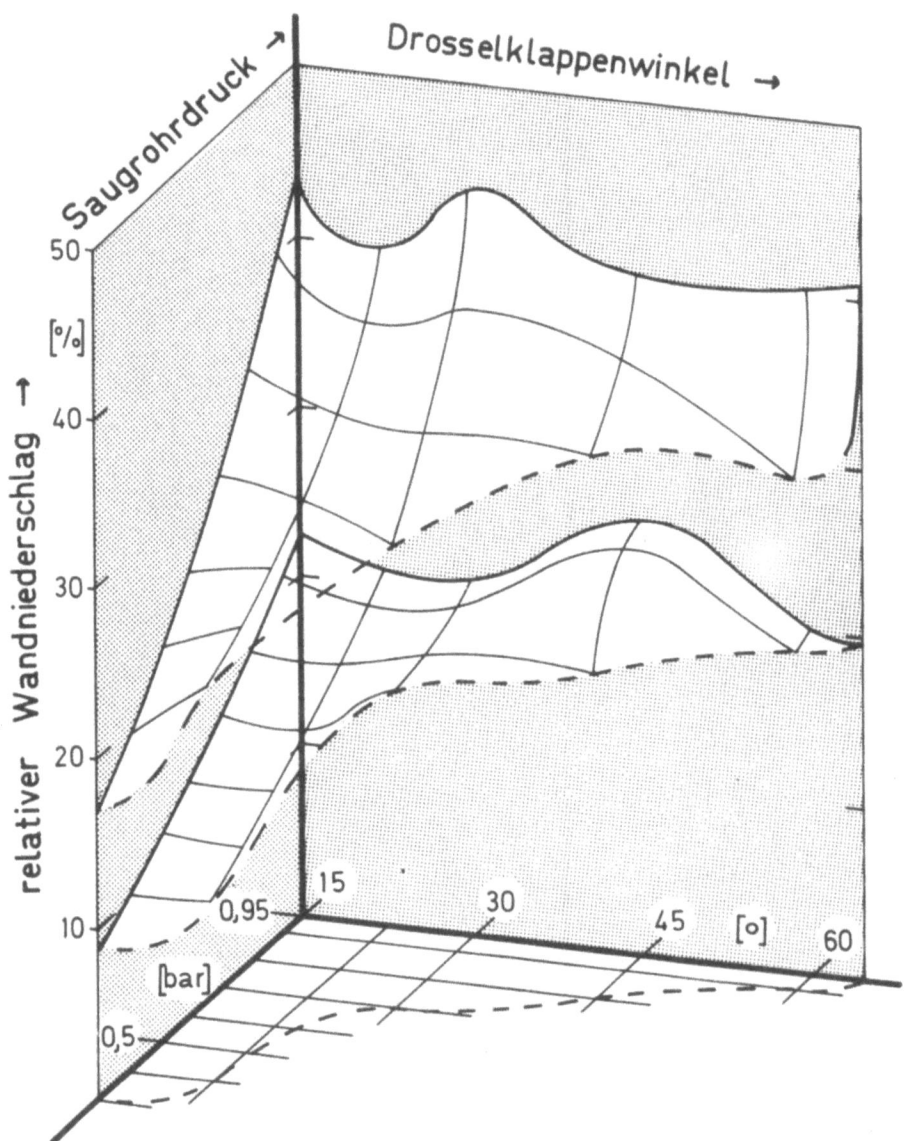

Abb. 30   Prozentualer Wandniederschlag in Abhängigkeit von Saugrohrdruck und Drosselklappenwinkel.
Obere Fläche : Stromberg-Vergaser 175 CDS
Untere Fläche: Der gleiche Vergaser mit nachgeschalteter Ultraschallvernebelung in der Nebenkammer.

FORSCHUNGSBERICHTE
des Landes Nordrhein-Westfalen

*Herausgegeben
vom Minister für Wissenschaft und Forschung*

Die „Forschungsberichte des Landes Nordrhein-Westfalen" sind in zwölf Fachgruppen gegliedert:

Geisteswissenschaften
Wirtschafts- und Sozialwissenschaften
Mathematik / Informatik
Physik / Chemie / Biologie
Medizin
Umwelt / Verkehr
Bau / Steine / Erden
Bergbau / Energie
Elektrotechnik / Optik
Maschinenbau / Verfahrenstechnik
Hüttenwesen / Werkstoffkunde
Textilforschung

Die Neuerscheinungen in einer Fachgruppe können im Abonnement zum ermäßigten Serienpreis bezogen werden. Sie verpflichten sich durch das Abonnement einer Fachgruppe nicht zur Abnahme einer bestimmten Anzahl Neuerscheinungen, da Sie jeweils unter Einhaltung einer Frist von 4 Wochen kündigen können.

WESTDEUTSCHER VERLAG
5090 Leverkusen 3 · Postfach 300 620

If you have any concerns about our products,
you can contact us on
ProductSafety@springernature.com

In case Publisher is established outside the EU,
the EU authorized representative is:
Springer Nature Customer Service Center GmbH
Europaplatz 3, 69115 Heidelberg, Germany

Printed by Libri Plureos GmbH
in Hamburg, Germany